小神童·科普世界系列

揭秘探险

刘宝恒 ◎ 编著

浙江摄影出版社
全国百佳图书出版单位

伟大的探险

探险是一项需要勇气和智慧的活动。你知道吗？古今中外有许许多多探险家克服困难，踏上征程！

公元前 139 年，汉武帝派张骞出使西域。当时，可没有人到过那么远的地方！勇敢的张骞探险归来，让大汉皇帝第一次听到了印度以及中东诸国的消息。

1953 年 5 月，埃德蒙·希拉里成为登上世界最高峰——珠穆朗玛峰的第一人。

对人类来说，南极是一个特别的地方。1911 年，挪威人罗尔德·阿蒙森顺利到达南极点。在此之前，他做了完善的计划。

1961 年，尤里·加加林乘坐"东方1 号"宇宙飞船起航，绕地球一周，历时 1 小时 48 分钟，完成了世界上首次载人航天飞行。

大唐高僧玄奘从长安（今西安）出发，历时十几年，途经阿富汗、克什米尔和印度北方等地，最后才取得经书。

明代的徐霞客一生志在四方，在中国大地上留下了许多足迹，记录下各种人文地理状况。

生物学家达尔文乘坐"小猎犬号"进行了5年航行，探索了加拉帕戈斯群岛。在那里，达尔文发现每座小岛上都有自己特有的生物。

"阿波罗11号"载人飞船登月是人类在月球探测上的第一次飞跃。当宇航员阿姆斯特朗将脚印留在月球表面时，全世界都为这一壮举而欢呼！

古代的探险家们

古代的探险家们冒着各种各样的风险，去往世界各地。在他们眼中，一场场惊心动魄的冒险之旅像极了有趣的游戏！

很久很久以前，人类为了填饱肚子去远方捕猎，这其实就是最初的探险。

勇敢的人们怀着好奇心，不断出发，走向未知的地方，展开一场又一场探险。

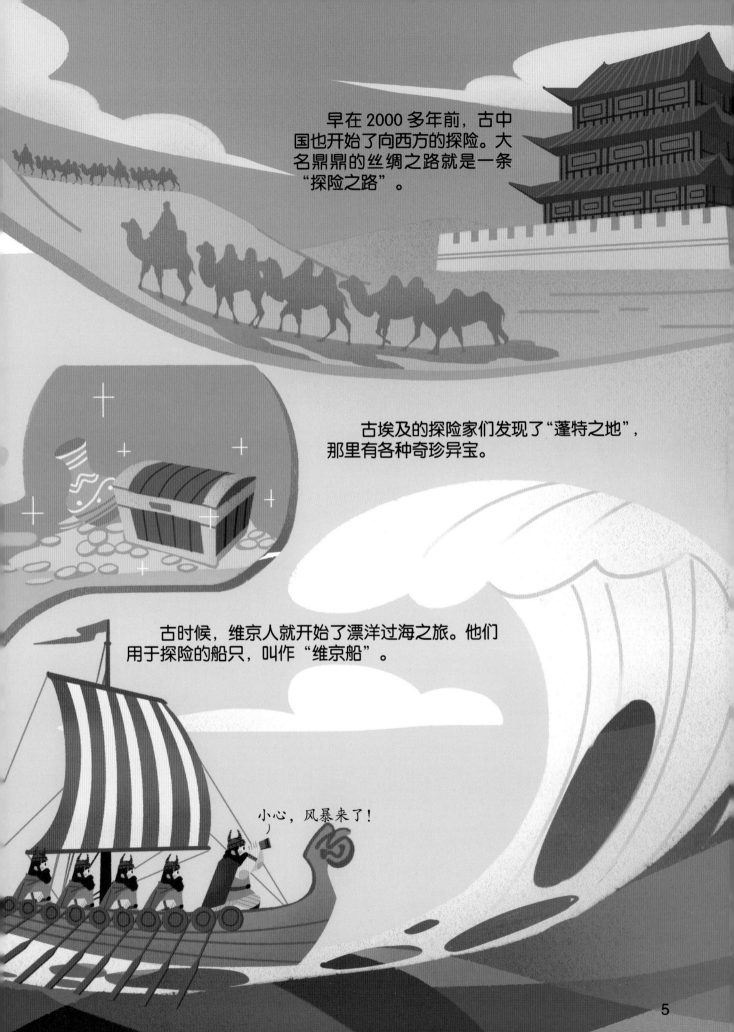

早在 2000 多年前，古中国也开始了向西方的探险。大名鼎鼎的丝绸之路就是一条"探险之路"。

古埃及的探险家们发现了"蓬特之地"，那里有各种奇珍异宝。

古时候，维京人就开始了漂洋过海之旅。他们用于探险的船只，叫作"维京船"。

小心，风暴来了！

马可·波罗到中国

你听说过马可·波罗吗？他是一位来自意大利的旅行家和商人。马可·波罗的中国之行，是一次伟大的探险！

1254 年 9 月 15 日，马可·波罗在威尼斯出生了。

马可·波罗的爸爸和叔叔经常到东方做生意，小马可·波罗很喜欢听他们讲关于东方的故事。

后来，马可·波罗把在中国的经历写成了一本书，叫《马可·波罗游记》。这本书激起了很多欧洲人对中国的向往。

17 岁时，马可·波罗跟着爸爸和叔叔，开启了东方之旅。他们骑着骆驼穿过干热的沙漠，越过寒冷的高原，避开猛兽和强盗，勇敢地向东边前进。

经过 4 年时间，马可·波罗和爸爸、叔叔终于来到了目的地——中国。

当时的皇帝忽必烈接见了他们，还特意邀请他们入宫讲述旅行故事。

聪明的马可·波罗很快就学会了中国的蒙古语和汉语，可以跟中国人交流了。马可·波罗还在中国当了官呢！他接受忽必烈的命令巡视各地，中国的繁荣辽阔让他惊叹不已！

探索内陆

历史上，除了马可·波罗，还有不少探险家深入内陆，开启奇妙的探索。他们的旅程中，既有危险，又有收获！

14 世纪时，白图泰曾不远万里，来到中国。

伊本·白图泰是摩洛哥著名的旅行家，他的足迹遍及亚非欧。你知道吗？20 岁时，白图泰就开始探险，他一生走过了 44 个国家。

中国丰饶的物产、聪明智慧的人民，给白图泰留下了深刻的印象。

中国明朝也有一位旅行家，他就是足迹遍布中国各地的徐霞客。22 岁时，他头戴远游冠，肩挑行李，离开了家乡。

这本《伊本·白图泰游记》就是人们根据白图泰的经历编写而成的。

徐霞客的探险可不只是因为好奇，他在山脉、水道、地貌等方面的调查研究，都取得了了不起的成绩！在旅途中，无论多累，他都坚持把考察的收获记录下来。

郑和的船队

几百艘船只载着几万人，浩浩荡荡扬帆起航——这就是著名的"郑和下西洋"。

15 世纪，郑和奉明成祖朱棣之命，率领船队七次远航西洋。郑和也成为中国历史上著名的航海家！

郑和航行时乘坐的宝船，有 100 多米长，是当时世界上最大的木帆船。

郑和率领船队，出使过 30 多个国家，促进了国家间的友好交往。郑和代表大明王朝，给其他国家送去了瓷器、茶叶和丝绸等。其他国家也回赠了礼品，比如长颈鹿、香料、珍珠等。

郑和下西洋，最远到过红海沿岸和非洲东海岸呢！

维京人的探险

在擅长探险的民族中，可少不了维京人的身影。让我们跟随他们的脚步，一起开启探险之旅吧！

维京人也是航海家。他们发现了冰岛、格陵兰岛，还到过北美洲。

冰岛

维京人，又被称为"北欧海盗"。他们有着结实的身体，留着大胡子，戴着有角的头盔。

公元 8 世纪到 11 世纪，是令人头疼的"维京时代"。维京海盗四处征战，侵扰欧洲沿海和英国岛屿，是当时的"海上霸主"。

他们发明了厉害的维京船，善于在大海上探险。

维京人是地道的欧洲人，他们的老家在挪威、丹麦和瑞典。

挪威

瑞典

丹麦

英国

后来，维京人慢慢融入了欧洲，逐渐从野蛮走向文明。

13

哥伦布发现新大陆

意大利有一位著名的航海家，名叫哥伦布。他带领的船队，在探险中有了一个惊人的新发现——美洲新大陆。

在 15—16 世纪的西欧，很流行航海探险活动，以开辟新航路。美洲新大陆的发现，是开辟新航路的活动中最为重要的一项成就！

尼尼亚号

圣玛利亚号

哥伦布得到西班牙王室的资助，于 1492 年开始探险之旅。

哥伦布以为抵达了印度，其实他们到达的是美洲，遇见的是美洲的原住民。

经过70多个艰苦的白天与黑夜，哥伦布的船队终于在1492年10月12日凌晨发现了陆地。

平塔号

哥伦布发现美洲新大陆的意义非凡，它使全世界从此逐步连成一个整体。

麦哲伦的环球航行

麦哲伦的环球航行，是世界航海史上的伟大成就。让我们一起来看看，这趟旅程究竟有着怎样的魅力吧！

1480 年，麦哲伦出生在葡萄牙一个没落的骑士家庭中。

在当时的欧洲，大多数人认为大地是平的，海洋尽头是个无底洞。长大后的麦哲伦，却坚定地相信地球是圆的。

1520 年，船队发现了一条通往太平洋的海峡。麦哲伦指挥船员们与大风大浪顽强搏斗，终于顺利通过了海峡。后人为了纪念麦哲伦，把这条海峡命名为"麦哲伦海峡"。

麦哲伦的航海探险计划得到了西班牙国王的支持。国王下令，为麦哲伦装备远航探险船队。

1519 年，由 5 艘海船组成的探险船队，勇敢地出发了。

糟糕，船碰到海里的礁石了！

经过 1082 天，麦哲伦船队完成了人类首次环球航行，也证明了地球是圆的。

自然大发现

　　探险家们在世界各地漫游，发现了很多大自然的秘密。你想知道它们是什么吗?

　　英国探险家戴维·利文斯通在探索非洲的途中，发现了一个大瀑布。他以英国女王的名字"维多利亚"来为大瀑布命名。

　　1513 年，西班牙探险家胡安·庞斯·德·里昂启航寻找传说中的"不老泉"。他走过很多地方，都没找到"不老泉"，但踏上了一片阳光充沛的土地，也就是现在的"阳光之州"——佛罗里达。

1722年复活节那天，荷兰探险家雅可布·罗赫芬登上了一座小岛。瞧，岛上有很多奇怪的巨型石像。这座岛也有了它的名字——复活节岛。

英国的詹姆斯·库克是伟大的探险家、航海家和制图师，被后人称为"库克船长"。在探险途中，他在澳大利亚的一处海岸边看到了许多神奇的植物。他将那个海湾命名为"植物学湾"。

征服南北极

极地有着极端的气候，终年被冰雪覆盖。在 19 世纪末之前，还没有人到过地球的最南端和最北端。

许多探险家对极地充满了好奇。可是，极地恶劣的环境，让探险充满了挑战！

南极在地球的最南端，是一片冰冻的大陆。为了率先抵达南极点，探险家们还展开了竞赛。

1910 年，罗尔德·阿蒙森和罗伯特·斯科特都开启了探索南极点的历程。阿蒙森成为第一个来到南极点的人。

谁是第一个抵达北极点的人呢？他是罗伯特·皮尔瑞。皮尔瑞组织了一支精悍的探险队，经历重重困难，于1909年到达北极点。

挪威探险家弗里德乔夫·南森驾驶着船体加固的"法拉姆号"，向着北极出发。瞧！他还设计了一种轻便的折叠雪橇，被称为"南森雪橇"。可惜，南森最终没能到达北极点。

虽然斯科特没有夺得桂冠，但他的团队采集了植物化石和矿物标本，留下了珍贵的日记和照片，为南极地质学研究做出了巨大的贡献！

太空探险

进入太空是什么感觉？其他星球上有什么？除了在地球上探险，探险家们还将目光投向了太空！

太空的环境很奇特，氧气少且气压低，辐射又强烈，对人类来说是巨大的挑战！

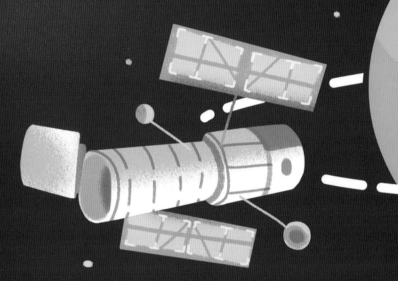

望远镜能帮助我们看得更远。看，哈勃望远镜还能绕着地球飞行呢！它就像一个空中摄影师，能够拍摄太空的照片，并传回地球。

身穿航天服的宇航员，在舱外进行太空漫步！

要上太空探险，离不开各种各样的探索工具。

人类向太空发射了许多探测器，比如月球探测器、行星探测器等。探测器就像人类的眼睛，代替我们去探索太空的奥秘。

"东方1号"宇宙飞船是世界上第一艘载人宇宙飞船。1961年4月12日，宇航员尤里·加加林乘坐"东方1号"，绕地球一周，完成了世界上第一次载人航天飞行。

国际空间站就像飘浮在太空中的小房子。

宇航员们在站内生活和工作。看，他们飘在了半空中，真有趣！

海底探险

上太空，下海底，人类探险的范围十分广阔。人们是如何进行海底探险的呢？

聪明的人类发明了深海潜水设备，来探测海底世界！

10916m

20 世纪 50 年代，瑞士的皮卡德父子造出了著名的"的里雅斯特号"潜水器。后来，"的里雅斯特号"的下潜深度达到了 10916 米。

你知道吗？早在航天服问世之前，人们就发明了潜水服。潜水服不仅能够保温，还能防止人们受到礁石或海中动植物的伤害。

20 世纪 20 年代，人们开始了对深海的探索。深海之下水压很大，人类很难抵达。

这个球形的家伙，叫作"深海潜球"。它能够来到海底，进行深海观测和取样。

潜水服、呼吸器、空气筒、蛙鞋、眼罩、潜水手套等，都是常见的潜水装置。

登上珠穆朗玛峰

珠穆朗玛峰地处中国和尼泊尔交界的位置，是大名鼎鼎的世界最高峰！登顶珠峰，是许多探险家的梦想。

珠穆朗玛峰是喜马拉雅山脉的主峰。要登上珠峰，绝不是一件容易的事。

爬得越高，山上的空气越稀薄，氧气瓶是必不可少的登山装备。

"一山有四季，十里不同天。"珠峰上的天气，变幻莫测。珠峰山路险峻，氧气缺乏，天气也极为寒冷，攀登者需要克服重重困难。

经过登山队员的测量，2020 年时，珠峰高度为 8848.86 米。

戴上太阳镜，可以防止雪盲症。

登山服既防水又保暖。

钉鞋可以防滑，方便攀登。

责任编辑　陈　一
文字编辑　谢晓天
责任校对　朱晓波
责任印制　汪立峰

项目策划　北视国

图书在版编目（ＣＩＰ）数据

　揭秘探险 / 刘宝恒编著 . -- 杭州 ： 浙江摄影出版
社， 2022.1
　（小神童·科普世界系列）
　ISBN 978-7-5514-3704-2

　Ⅰ．①揭… Ⅱ．①刘… Ⅲ．①探险－世界－儿童读物
Ⅳ．① N81-49

　中国版本图书馆 CIP 数据核字 (2021) 第 273473 号

JIEMI TANXIAN
揭秘探险
（小神童·科普世界系列）

刘宝恒　编著

全国百佳图书出版单位
浙江摄影出版社出版发行
　　　地址：杭州市体育场路 347 号
　　　邮编：310006
　　　电话：0571-85151082
　　　网址：www.photo.zjcb.com
制版：北京北视国文化传媒有限公司
印刷：唐山富达印务有限公司
开本：889mm×1194mm　1/16
印张：2
2022 年 1 月第 1 版　　2022 年 1 月第 1 次印刷
ISBN 978-7-5514-3704-2
定价：39.80 元